中国少年儿童
安全防护
指 南

苏敫 著

U0341064

禁止游泳

海峡出版发行集团
THE STRAITS PUBLISHING & DISTRIBUTING GROUP

鹭江出版社
LUJIANG PUBLISHING HOUSE

2014年·厦门

图书在版编目（CIP）数据

中国少年儿童安全防护指南 / 苏牧著. — 厦门：
鹭江出版社，2014.3
　　ISBN 978-7-5459-0701-8

　　Ⅰ. ①中… Ⅱ. ①苏… Ⅲ. ①少年儿童—安全教育—
指南　Ⅳ. ①X956-62

中国版本图书馆CIP数据核字（2014）第040921号

中国少年儿童安全防护指南
ZHONGGUO SHAONIAN ERTONG ANQUAN FANGHU ZHINAN
苏　牧　著

出版发行：海峡出版发行集团
　　　　　　鹭 江 出 版 社
地　　址：厦门市湖明路 22 号　　　　　　**邮政编码**：361004
印　　刷：北京海石通印刷有限公司
地　　址：北京市通州区宋庄镇沟渠庄村靶场路部队南门　　**邮政编码**：101119
开　　本：710mm×1000mm　1/16
印　　张：8.75
字　　数：134 千字
版　　次：2014 年 6 月第 1 版　　2014 年 6 月第 1 次印刷
书　　号：ISBN 978-7-5459-0701-8
定　　价：29.80 元

苏敩其人

讲安全的书很多，但这本《中国少年儿童安全防护指南》与众不同。一方面是内容与众不同，非常实用；另一方面是作者与众不同，作者乃苏敩。

苏敩是一位出身名门、身经百战、身怀绝技、知行合一的"无名英雄"。

苏敩的祖父和外祖父，一直追随李大钊先生，从乐亭到北京。父亲是军队的卓越领导人。因为特殊原因，他7岁开始当兵，36岁退役。

在30年的军旅生涯中，苏敩多次担任国家领导人的安全护卫；在伊拉克战乱中曾负责护卫大使；他还是第一批赴海地维和的特战军人；他先后在以色列、巴基斯坦、伊拉克、利比亚等国家执行保卫援建队、撤侨等护卫工作，也曾担任朝鲜、伊拉克、利比亚战区军事观察团观察员。2008年汶川地震后，他带队参与汶川地震抢险救灾工作。在北京"7·21"洪灾后，他也在一线参与了抗灾救援工作。

这些特殊的经历，都是常人无法想象的。作为特种兵，往往要肩负各种特殊的使命。比如在伊拉克战乱中，他冒着枪林弹雨护卫大使；在海地维和工作中，时刻面临着枪弹的袭击；在利比亚撤侨护卫工作中，他冒着生命危险最后一批撤离；在汶川地震空中救援中，他和队员们要从数千米的高空跳下；在北京"7·21"救援中，他现场实

苏敩和同学们在一起

施救援。这些颇具传奇色彩的安全护卫和抢险救灾工作的经历，让他对安全防护工作有了非常深刻的认识。

　　苏教可谓身经百战，练就了一身的绝技。在中国人民解放军军事体工队服役期间，多次参加世界军事锦标赛，并获得世界军事锦标赛团体冠军；在中国人民解放军总政治部体育工作队服役期间，体育技能达到国际级健将水平，并获得国家一级体育辅导员资格。同时，他在高空跳伞、野外生存、抢险救灾、专业救护等军事体育综合技能方面也积累了非常过硬的实战经验。之后，他奉命组建了解放军某部军指特战大队，并出任副大队长。

　　在军事技能方面，他不仅给国家赢得了荣誉，也在保家卫国中立下了汗马功劳，堪称军人的典范。退役后，因为卓越的军事体育才能，他一直担任中国登山运动协会高级教练员和山岳救援队技术顾问，并应邀担任北京红十字蓝天救援队培训部部长和中国航空运动协会国家级教练员。

　　在个人情怀上，他又是一位爱心卫士。在经历了汶川地震抢险救灾的工作之后，他为唤醒国人的安全意识而奔走呼号。他把自己几十年从事安全防护工作的经验总结出来，利用各种机会跟大家分享，希望凭借自己的绵薄之力来提高国人的安全常识意识。他经常在工作之余以志愿者身份到一些企业、厂矿、学校给大家讲解安全防护知识，普及安全防护常识。

苏教和同学们在一起

苏教与齐大辉老师

很多专家都是纸上谈兵，只说不练，而苏敩不同。他既有安全防护的实战经验，也乐意与大家分享这些知识，他才是真正的知行合一的安全专家。无论是在新东方学校的课堂上，还是在云南贫困山区学校的操场上，他的讲授总能赢来阵阵掌声。

2012年，我们把苏敩引进北大公学的课堂，作为安全教育的专家，请他专职讲授安全防护的课程。课程一经推广，立刻受到很多家长和小朋友的追捧。在众多老师和家长的强烈要求下，这本与众不同的图书终于要出版了。

在现行的教育体制下，学校每天给学生们传授的知识非常多，但传授的常识少得可怜。特别是在安全教育的范围内，几乎是一片空白。在每天发生的交通、火灾事故中，青少年往往成为最大的受害群体。最根本、最直接的原因，就是我们的孩子从小就没有接受过正确的安全教育。

一个人如果没有自我保护的意识，缺乏自我防护的方法，学习再多的知识也没有用。因为他迟早会犯常识性错误，不是受伤，就是送命。一个连自己都保护不了的"人才"，能指望他将来保家卫国吗？能指望他为社会做贡献吗？

然而，在汶川地震中，有一个学校因为经常进行安全演练，发生地震后没有一位同学受伤。这个事例，成为安全教育的典范。安全常识就是这样，在关键时刻保护了我们无比宝贵的生命。只要有生命在，我们就有未来。

我刚看过苏敩的这本《中国少年儿童安全防护指南》书稿，说的都是常识，都是保护我们生命的"绝招"。只要小朋友们认真学习这本指南，就能避免很多不该发生的事情。

请小朋友们认真阅读吧！

北大公学教育研究院院长　齐大辉

2014年3月1日

目 录

校外安全防护

公共场所安全防护

火灾安全防护

地震安全防护

自然灾害安全防护

急救安全防护

安全知识，能救自己也能救别人

  2004年12月26日，印度洋海啸发生之前，一个10岁的名叫缇丽·史密斯的英国小女孩，在泰国普吉岛马里奥特饭店附近的海滩上玩沙子。突然间，缇丽发现海面上出现了不少气泡，潮水也突然退了下去。她一下子想起老师在地理课上教过的海啸知识，识别出这是海啸突袭的危险预兆。缇丽把这个情况赶紧告诉了妈妈。

  此时，海滩上的100多名游客正沉醉于海边美丽的风光，有人也正为海水突然退去而迷惑不解。妈妈听完了缇丽的叙述之后，立即和马里奥特饭店的工作人员一起帮助海滩上的那100多名游客撤到了安全地带。

  这100多名游客刚跑到安全地带，身后便传来了巨大的海浪声，十几米高的海浪顷刻间覆盖了整个海滩。海啸真的来了！

  当天发生在整个印度洋的海啸，导致近30万人丧生，这个海滩上却无一人死伤。这个10岁的小女孩，用她的知识挽救了100多名游客的生命。

居家安全防护

● 困难来临，需要多长时间才能得到帮助

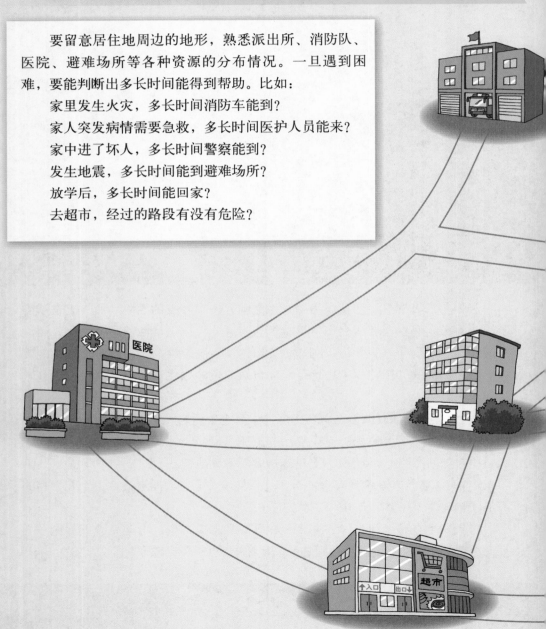

要留意居住地周边的地形，熟悉派出所、消防队、医院、避难场所等各种资源的分布情况。一旦遇到困难，要能判断出多长时间能得到帮助。比如：

家里发生火灾，多长时间消防车能到？

家人突发病情需要急救，多长时间医护人员能来？

家中进了坏人，多长时间警察能到？

发生地震，多长时间能到避难场所？

放学后，多长时间能回家？

去超市，经过的路段有没有危险？

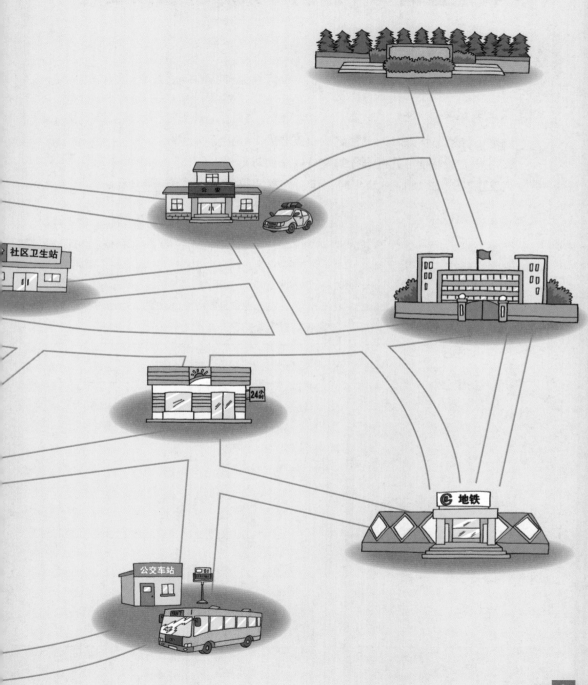

公安

社区卫生站

24小时

地铁

公交车站

和爸爸妈妈一起制订家庭应急预案

召开家庭会议，学习防灾减灾知识，制订自家独特的应急方案。

确定家庭成员集合处：

确定出现紧急状态时的"家庭成员集合处"，最好有两处：

家中发生意外时可就近选择的室外安全避难地点A。

当发生意外难以到达A地点时，可去的本地较大的公共安全场所B。

确定家庭紧急联络人：

在本地和外地各选择两位家庭紧急联络人。当事故发生时，家庭成员可以通过这两地的固定联络人取得联系。

家庭基本应急方案		
家庭成员集合处	A：	
	B：	
家庭紧急联络人	本　市	A：
		B：
	外　地	A：
		B：
备　注		

信息联络卡：

为每位家庭成员准备一张信息联络卡（老人和儿童尤其需要）。上面记录本人的名字、家庭地址、家庭其他成员、家庭紧急联络人、联络电话、年龄、血型、既往病史等信息。信息卡注意每年更新，并在工作单位和邻居家备份。

家庭成员信息卡							
姓名		年龄		血型		民族	
家庭住址							
家庭其他成员			电话				
			电话				
			电话				
			电话				
家庭紧急联络人			电话				
			电话				
既往病史							

注意

每个人都应该学会在紧急状态下拨打110、119、120等求救电话。
将家庭紧急联络人的号码和常用求救、报警号码贴在电话机旁。
所有家庭成员都要熟悉家庭应急预案。

排查一下我们家的安全隐患

厨房应备有灭火器材，所有家庭成员须了解其使用方法。

应在厨房装设煤气泄漏警报器。

避免将盛水的花瓶、水杯等容器放置在电视机或影音设备上。

将家庭紧急联络人、消防队、派出所电话号码贴在电话的旁边。

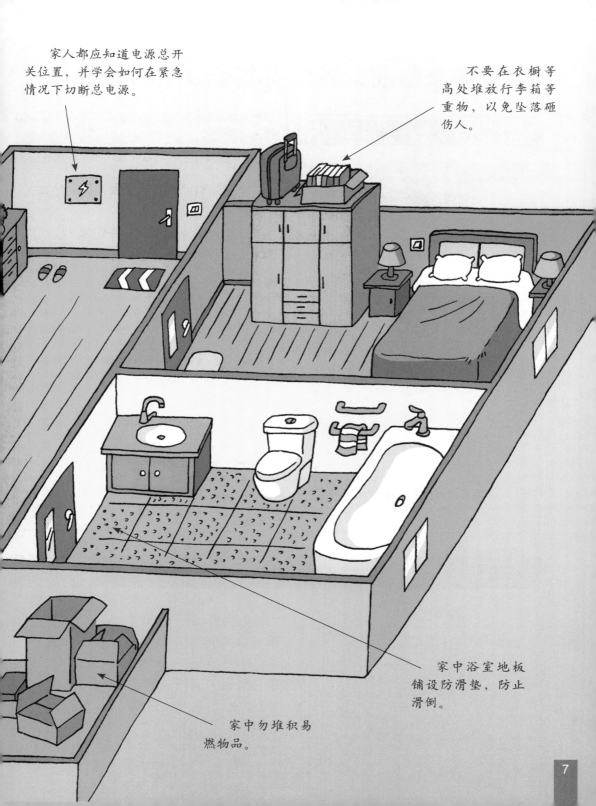

家人都应知道电源总开关位置，并学会如何在紧急情况下切断总电源。

不要在衣橱等高处堆放行李箱等重物，以免坠落砸伤人。

家中浴室地板铺设防滑垫，防止滑倒。

家中勿堆积易燃物品。

灾难来临前，我们要准备以下物品

按照国际标准，绿色包装的物资是食品。

水

储备家庭成员三天的用水量。若有儿童、老人、病人则需加量。

有条件的，应购买专业的应急饮用水。

食品

储备食品时，应尽量选择高热量、高能量的食品。

挑选不需冷藏、即开即食、少含或不含水分的固体食品，如饼干、面包、方便面等。

食品清单	
即食食品	罐装肉、鱼、水果和蔬菜，罐装果汁、牛奶、汤（如果为粉状或固体，还要另外准备水）。
富含能量的食物	巧克力、麦片、坚果、牛肉干、食物条。
维生素和补品	维生素C、维生素E、促进免疫的药片、氨基酸等。
缓解痛苦或压力的食品	饼干、方糖、加糖的谷类、速溶咖啡、茶叶等。

按照国际标准，橙色包装的物资是应急工具。

应急工具

简易灭火器
应急逃生绳
简易防烟面具

其他工具

锤子、高频哨、无线电收音机、电池、手电筒、针线、纸笔、多用刀、防水火柴、无烟蜡烛、纸巾、录音器材、毛巾、户外专用灶、手套、指北针、太阳镜等。

按照国际标准，蓝色包装的物资是个人用品。

卫生物品

个人卫生用品（牙刷、牙膏、梳子、剃须刀、卫生纸、消毒纸巾、卫生巾等）、塑料袋、塑料桶、香皂、洗衣粉、厕纸。

衣物

每位家庭成员至少备有两套换洗衣物。 鞋子、袜子、帽子、手套、内衣、毯子、睡袋、雨衣等。

特殊物品

婴儿用品：尿布、奶瓶、奶粉及所需医药用品。
大人用品：药品、眼镜及其他有关用品。

按照国际标准，红色包装的物资是医药用品。

医药包常用物品	
医用材料	药用棉花、消毒纱布、绷带、胶布、剪刀、体温计、棉棒、安全别针。
外用药	双氧水、眼药水、烫伤药膏、跌打膏药、消炎止痛药膏、创可贴。
内服药	止泻药、退烧片、救心丸、止痛片、抗生素、胃药。
其 他	医用镊子、颈托、骨折夹板、止血带。

不能捅插座。 ✗

不要独自插拔电源插头。 ✗

用电器，当心触电！ ✗

必要时，关闭总电源。 ✓

燃气管两年一换!

烧开水时，旁边不能离开人。

每次用完燃气要关闭阀门。

妈妈，那是什么?

厨房要安装煤气报警器。

小区里的八种危险

1. 不要攀爬变压器。
2. 不要在楼下玩，以防高空坠落物。
3. 不要到停车场玩，也不要在车后面玩。

4. 别在井盖上面玩火。

5. 不要到僻静的地方玩捉迷藏。

6. 不要在水池边玩！

7. 千万别到建筑工地去玩。

8. 独自在家，谁敲门也不开。

谁敲门我也不出声！

交通安全防护

交通事故猛于虎

据有关部门不完全统计，中国每天有600人在交通事故中死亡，每天在交通事故中受伤的人数高达45000人。

骑车不要太快！

开车不要闯红灯！

不要酒后驾车！

开快车，是交通事故发生的最大原因！

15

每一个人都要遵守交通规则

1. 不要在车前过马路。

2. 扛东西过马路要注意避让车辆。

3. 过马路要推着自行车

4．别在车流中遛狗。

5．穿旱冰鞋过马路要注意安全。

6．别在车流中间散发宣传单。

骑自行车要遵守十八条安全守则

1. 骑自行车不能逆行！

7. 不要在公路上学骑自行车。

8. 骑车上街前，要检查车铃、车闸是否齐全有效。途中如果车闸坏了，要推车行走。

9. 只能在非机动车道上骑车，不能进入机动车道和人行道。

10. 不要在马路上赛车或互相追逐，也不要忽左忽右曲折行驶。

11. 不要在车把上悬挂东西。

12. 下陡坡时要推车行走。

13. 横穿4条以上的机动车道时，要推着自行车走。

14. 拐弯时，要放慢速度，先伸手示意，不要突然猛拐。

15. 超车时，要先按响车铃或打手势。

16. 不要抢红灯；遇红灯，要停在停止线以内的非机动车道内。

17. 要将自行车停放在存车处、指定的地点，或者不影响交通的地方。

18. 不要边骑车边想事情。

2. 骑自行车不能相互手拉手！

3. 骑自行车不能带人！

4. 不满12岁不能独自骑车上路！

5. 骑自行车不能撒开车把！

6. 骑自行车不能听音乐！

乘公交车的安全防护

上车前：

不要在站台上追跑打闹，提前排好队准备上车。
准备好乘车证或公交卡，若需买票则提前准备好零钱。
乘车前看好路线和车次，以免坐错车。

上车后：

　　不论是坐着还是站着，随时都要抓好扶手，以免因突然刹车而受伤。

　　看管好自己的随身物品，以防丢失。

　　不要在车上睡觉，以免坐过站。

　　不要在车上看书、听音乐、玩手机，否则，遇到汽车自燃、爆炸等事故，会失去第一时间逃生的机会。

乘地铁的安全防护

要在安全线以内候车!

不要在站内追跑打闹!

乘车前看好行车方向！

东西掉落在铁轨上，要找工作人员帮忙，不能自己下去取！

乘飞机的安全防护

飞机上禁止携带易燃易爆物品、刀具、打火机、火柴、香烟，也不能携带100毫升以上的液体。

飞机起飞时，不允许打电话，不能用电脑上网，不能收听收音机。

飞机遇险的安全防护措施：

空中减压：戴好氧气面罩。

紧急着陆或迫降：要弯腰、双手在膝盖下握住，头放在膝盖上，两脚前伸并紧贴地板。着陆后，听从工作人员指挥，迅速有序地由紧急出口滑落地面。

舱内出现烟雾：把上身弯到尽可能低的位置，屏住呼吸，用饮料浇湿毛巾或手帕，捂住口鼻后再呼吸，弯腰或爬行到出口。

飞机撞地轰响瞬间：飞速解开安全带，朝外面有亮光的裂口全力逃跑。

在海上失事：立即穿上救生衣。

发生沉船事故的逃生方法

跳水前，一定要往水里扔一些漂浮物。

仰泳最节省体力。

发生沉船事故，要大声呼救，引起周边人们注意。

跳水别砸着别人。

跳进水里，一定要尽量冷静，保存体力。

要抓紧漂浮物别松开。

27

校园安全防护

学校里容易发生的八种伤害

撞倒磕伤

滑倒摔伤

高处取物跌伤

坠落受伤

关门时夹手

攀爬时摔伤

利器割伤

触电伤害

上体育课的注意事项

裤兜里不要装尖锐的利器

要做好热身准备，避免肌肉拉伤、骨折等。

要摘下发卡、眼镜、手表等。

有些运动项目要在老师的指导下进行。

别把铅球扔到人群中去！

要换成运动鞋。

绝对不能玩的四种游戏

拔萝卜 容易造成颈椎脱臼或骨折。

挤夯 容易造成窒息、胸腔出血甚至死亡。

砸夯 往往会造成尾骨骨折。

叠罗汉 容易导致内脏损伤。

伤害同学的代价

班主任批评。

同学嘲笑。

家长呵斥。

有可能被学校开除。

伤害了同学，还会有经济赔偿：医药费+误工费+营养费+护理费。情节严重、触犯法律的还得进少管所。

校外安全防护

回家路上的注意事项

遇到抢劫，不要怜惜财物。

遇到劫持，要大声呼救。

千万别在马路上踢足球。

遇到坏人要沉着冷静，万一被绑架，不要惊慌，要暂时顺从他，不要与坏人硬拼，找机会求救。

不吃陌生人的东西。

有人要接你去找妈妈，千万不能相信。要给妈妈打电话证实才可以！

进入楼道，怀疑有坏人跟踪时，快速爬多层楼，赶紧敲熟悉的人家的门。大喊："爸爸开门"，坏人会知难而退。

在门口发现陌生人转悠，不要在自家门前停留，要悄悄离开！

当我们被坏人跟踪该怎么办

走路时被跟踪：

　　走路时，利用过十字路口的机会做检查，注意身边的人和车，走一段路程后看是否还有相同的人、车跟在身边。如果有车辆跟随，应该记住车牌号码和车型。必要时，可以掏出手机拍照或记在笔记本上。

　　步行遇跟踪时，不可走入无人或黑暗之巷道。

　　怀疑被跟踪时，可在无车时不经斑马线、地下道等而直接穿越大马路，观察对方是否一样跟随，对方若未跟来，则混入人潮中，借由人群掩护而脱离跟踪。

　　用手机以跟踪者可听到的音量假装向亲友告知你遇到了麻烦，请他过来帮忙。

骑车被跟踪：

　　骑车时，每遇红灯停车应注意身边有哪些车。一段路程后，看是否还有相同的车跟在身后。

　　发现被跟踪，若是在白天且周围人很多的情况下，可骑到警察局门口停车，并观察跟踪者动向，以决定是否报警；另外还可立刻向路边商店的工作人员或穿着制服的人求救。

乘车被跟踪：

　　在搭乘地铁、公交车时发现被跟踪，首先应该镇静。尽量最后一个下车，同时注意比你晚下车的人。可至公交车站等任一车辆进站后立刻上去，并立于门旁，关门前立刻下车，即可顺利摆脱。

放学回家路线安全隐患示意图

- 校门口的烧烤、零食不能吃，吃了会肚子疼，一旦生病要进医院。
- 过马路要注意来往车辆，避免被车撞上。
- 通过两车之间，要注意司机倒车，避免被两车夹伤。
- 在人行道上要远离车辆，避免被坏人在周围无人注意时拉上车。
- 乘车时，要看好车次，以免坐错车。
- 上车后要拉好扶手，以免在急刹车时摔倒。
- 下车后不要在车前猛跑，以免被来往车辆撞上。
- 不能去停车场或者苗圃玩，那里有很多危险。
- 路过临街铺面，要注意他们堆放的货物，避免被砸伤。
- 进小区前，要走人行道，避免被来往车辆撞上。
- 进小区后，要靠右走，避免被拐弯的车辆撞上。
- 进单元门时，要注意是否有人跟踪，必要时大声求助。
- 在楼道里，要注意是否有陌生人，必要时快速撤出楼道。
- 开门时须提前拿出钥匙，迅速开门、进门、关门，避免坏人乘虚而入。

这是北京市海淀区东北旺中心小学一位同学乘车上下学的路线图。从图上我们可以看到，他从学校出发，回到东馨园小区的12号楼，沿途有14种安全隐患。可谓危机四伏、步步惊心啊！

请同学们按照自己上下学的路线，绘制出安全隐患分析示意图。

★12号楼

6号楼

11号楼

5号楼

东馨园小区

10号楼

4号楼

9号楼

3号楼

8号楼

2号楼

7号楼

临街铺面

东旭园小区

临街铺面

停车场

苗　圃

苗　圃

苗　圃

临街铺面

临街铺面

临街铺面

印刷厂

西山华府

人大附中西山学校

竹园小区

菊园小区

不要独自去湖边钓鱼。

不要自行在郊外点篝火。

不要攀爬危险的墙壁。

不要在火车铁轨周边玩耍。

不要用棍子相互打斗。

野外游泳危险多

不要到陌生的水域去游泳。

禁止游泳

"禁止游泳"的标志，代表这里有危险。

中国卫生部统计数据显示：中国每年有57000人溺水死亡，相当于每天有150多人在水中失去生命。

有人掉进水里，可借助木棍、绳索等
物施救。千万不可贸然下水去救溺水者。

下水游泳要脱掉外衣。

游泳的注意事项

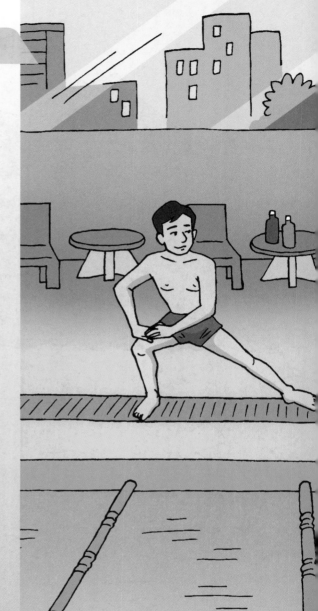

患上肺结核、中耳炎、皮肤病、沙眼等传染病，不要去游泳。

饱食、饥饿、剧烈运动或者繁重劳动后不要游泳。

下水前要先做热身运动。

游泳六不要：

1. 不要到野外去游泳，应该去有人值守的室内游泳馆游泳。

2. 不要到无安全设施、无救护人员的游泳馆去游泳。

3. 不要单独去游泳，要和大人结伴同行。

4. 不要到不熟悉的深水区去游泳。

5. 不要马上下水，应缓慢下水适应水温，这样就不容易腿抽筋。

6. 不要在水中用鼻子呼吸，应用口呼吸。

掉入冰窟的逃生方法

掉入冰窟要大声呼救。

救人要借助工具，如棍子、绳子。

救人时要趴在冰面上。

自救和救助对策：

　　落水者和其他人要在第一时间大声呼救，争取更多的人前来施救。

　　落水者要保持头脑清醒，不要惊慌失措。

　　落水者要坚持"从哪儿掉进去就从哪儿出来"的原则，最好不要再从水下找其他出口，那样会耽误时间。

　　冰上施救的人，不要站立在冰面上施救，应在保证自身安全的情况下，趴在冰面上用绳子、长杆等物向落水者施救。

　　安全上岸后，要迅速找地方取暖，并不断活动身体保持体温。最好尽早换上干衣服。

女孩单独出门要预防性侵害

容易发生性侵害的季节是夏天。

容易发生性侵害的时间是夜晚。

容易遭受性侵害的地方是礼堂、舞池、溜冰场、游泳池、车站、码头、影院、宿舍、实验室、教室等公共场所，另外公园假山、树林深处、夹道小巷、楼顶晒台、没有路灯的街道楼边、尚未交付使用的新建筑物内等，也是比较危险的地方。

夏天穿衣不要太暴露。

晚间不要单独出门。

遛狗不要到僻静的地方去。

遇到突发事件的三个原则

不围观： 远远看见人群发生聚集、围堵、群殴、群体奔跑等情况，千万不要出于好奇而前去围观。

不盲从： 出现突发事件，不要盲目跟随大家随意而行。应该仔细观察事情发展的动向，做出最正确的选择。

不恋财： 万一身陷混乱人群，首先要保证自身安全，千万不要贪恋财物。

如何应对公共场所踩踏事故

一般情况下，球场、商场、狭窄的街道、室内通道或楼梯、影院、酒吧、夜总会、彩票销售点、超载车辆、航行船只的船舱内等场所，以及某种集会、纪念、游行等活动中，容易发生踩踏事故。

远远发现某个地方人多拥挤，应赶紧设法远离。

如果当时人群混乱，在保证自身安全的情况下，应及时拨打110或120等报警电话。

被裹挟到拥挤的人群中时，要听从指挥人员指挥。

跟着人群走的时候，应该踏稳每一步，努力保持身体平衡。与大多数人的前进方向保持一致，不要试图超过别人，更不能逆行。

如果发现有人摔倒，要马上停下脚步，同时大声呼救，告诉后面的人不要靠近。万一在人群中摔倒，应保持俯卧姿势，身体蜷成球状，双手在颈后紧扣，紧抱后脑，两肘支撑地面，这是防止被踏伤最关键的一招。

防止踩踏

乘坐电梯的注意事项

1．如果电梯里乘客已满员，不要加塞乘梯。

2．进入电梯前若发觉乘客可疑，就等乘下一趟。

3．女性若单独搭乘电梯，应面朝其他乘客侧立于控制板跟前，不要背对其他乘客。

4．楼内发生停电事故期间，不要乘坐电梯。

5．发生火灾、地震或其他灾害时，千万不可乘坐电梯。

6．进入电梯过程中，要防止裙子和携带的背包、雨伞被电梯门夹住。

碰到电梯意外时怎么办？

不要强行开门，以免带来新的险情。

通过警铃、对讲系统、移动电话或电梯轿厢内的提示方式进行求援。

如果没有电话，可以脱下鞋子，用鞋子拍门呼救。如无人回应，则需稳定情绪，观察动静，保存体力，等待营救。

在救援人员到达现场前，不要撬砸电梯轿厢门或攀爬安全窗。

电梯坠落时，应紧靠厢壁，并做屈膝动作，以减轻电梯急停对身体所造成的不适或伤害。

乘坐扶梯的注意事项

不要踩踏黄色安全警示线以及两个梯级相连的部位。

不要在扶梯上走或跑，以免摔倒或跌落扶梯发生危险。

不要逆行、攀爬、玩耍、倚靠或争抢上扶梯。

不要将手放入梯级与围裙板的间隙内。

不要将鞋及衣物触及扶梯挡板。

不要在扶梯进出口处逗留。

不要蹲坐在梯级踏板上。

不要携带过大的物品乘坐扶梯。

儿童乘扶梯，要有家长看护；婴幼儿应由成年人抱着搭乘。

不要将头、四肢伸出扶手装置以外，以免受到障碍物、相邻的自动扶梯的撞击。

安全出口 →

不要在乘扶梯时看书、读报或玩手机。

SODD

WC 厕所

女

1．尽量选择有人值守的公共厕所。如果发现有异常，应该及时向工作人员反映。

2．使用前不妨先巡视一遍，看是否有安全隐患。

3．如发现有可疑人员跟踪，应该立刻求救他人或者立刻报警。

火灾安全防护

我们要学会正确使用灭火器

干粉灭火器：这种灭火器因筒体中充满干粉灭火剂而得名。它主要适用于扑救液体火灾、带电设备火灾，特别适用于扑救气体火灾，不宜用于扑救精密仪器火灾。

泡沫灭火器：用喷射泡沫进行灭火的灭火器，主要适用于扑救油品火灾，如汽油、煤油、植物油等初起火灾；也可用于扑救一般固体物质火灾，如木、棉、麻、竹等火灾及飞机、汽车事故引发的火灾；不适于扑救带电设备火灾及气体火灾。

二氧化碳灭火器：利用气化了的二氧化碳进行灭火。适用于扑灭图书档案资料、精密仪器、贵重设备火灾。由于其不导电，可扑救带电设备火灾。

提起灭火器

拉开插销

抬起管

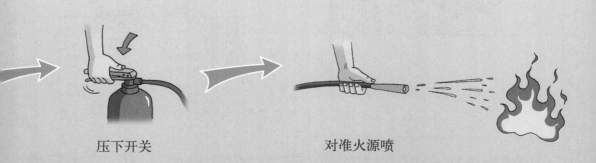

压下开关　　　　　　　　对准火源喷

我们要学会一点灭火技巧

酒精灯不能用嘴吹，可以用茶碗和小碟子盖灭。

油锅起火，不能从上往下盖锅盖。正确做法是将锅盖从边上滑过去盖上灭火。

厨房着火，不可用水灭火，可以用灭火毯或打湿的棉被灭火。

家里起火，三分钟灭不了，就要立刻逃走，然后拨打求救电话119。

身上着火，可以在地上打滚灭火。

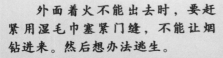

要掩口鼻弯腰低姿前行。

千万别乘电梯。

外面着火不能出去时，要赶紧用湿毛巾塞紧门缝，不能让烟钻进来。然后想办法逃生。

外面着火，不可轻易打开门，要先测门的温度。门把手如果有温度，说明外面的火很大了。

可以披着打湿的棉被逃离火场。

不能轻易跳楼。

不能贪恋财物。

在保护好自己的前提下也要救助他人。

公交车起火，我们要这样逃生

1．赶快大声叫喊，让司机立刻停车，并让司机迅速打开车门，以最快速度从距火源最远的车门迅速下车。

2．如果车内人多，距离车门较远，要迅速拿起车内备用的救生锤砸开车窗玻璃，从窗户逃离。

3．如果车内没有备用救生锤，可利用女士穿的高跟鞋鞋跟砸开车窗。

4．如果闻到烟味，应该弯腰低姿逃生。必要时屏住呼吸，避免因为被浓烟呛入呼吸道而影响逃生。

5．万一身上着火，切勿狂奔乱跑。要迅速脱下已燃的衣帽。如来不及，可就地打滚压灭身上的火焰。

温馨提示
要帮助老弱病残孕一起逃生。

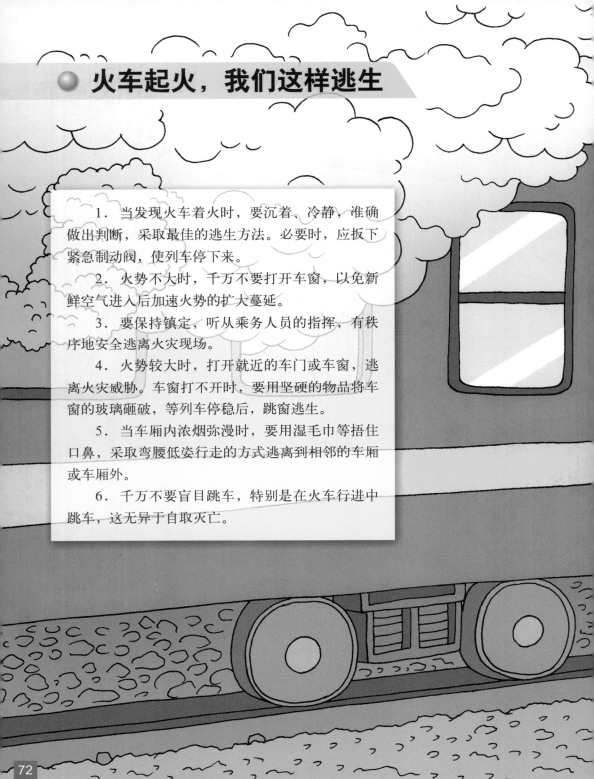

火车起火，我们这样逃生

1．当发现火车着火时，要沉着、冷静，准确做出判断，采取最佳的逃生方法。必要时，应扳下紧急制动阀，使列车停下来。

2．火势不大时，千万不要打开车窗，以免新鲜空气进入后加速火势的扩大蔓延。

3．要保持镇定，听从乘务人员的指挥，有秩序地安全逃离火灾现场。

4．火势较大时，打开就近的车门或车窗，逃离火灾威胁。车窗打不开时，要用坚硬的物品将车窗的玻璃砸破，等列车停稳后，跳窗逃生。

5．当车厢内浓烟弥漫时，要用湿毛巾等捂住口鼻，采取弯腰低姿行走的方式逃离到相邻的车厢或车厢外。

6．千万不要盲目跳车，特别是在火车行进中跳车，这无异于自取灭亡。

公共场所着火，我们这样逃生

安全出口

1．进入任何一家公共场所时，要有意识观察和了解进口、出口等消防通道的走向，必要时要亲自试走一趟，看是否畅通。

2．发生火灾时，要保持冷静，不轻举妄动，也不盲从，要按照自己的判断，观察出口方向，迅速撤离。

3．公共场所发生火灾，最大的安全隐患是踩踏事故。因此，千万不要往人多拥挤的出口去逃生。尽量选择人少的出口逃离。

4．人多时，要注意脚下安全，千万不能摔倒。万一摔倒，要迅速爬起。如果人多起不来，要迅速跪地、弓背、缩卷成一团，两手相交保护好颈部，用两肘保护好头部，等待机会逃离。

5．逃离时，千万不能贪恋财物。返回取包，或者捡拾贵重物品，都会耽误时间而失去逃生机会。

6．如果不熟悉地形，一定要听从工作人员指挥。切勿擅自行动，把自己陷入更加危险的境地。

安全出口

地震安全防护

我们来认识一下地震

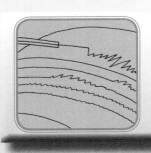

里氏1~2级

只有靠近震中的地震仪能探测到。

里氏2~3级

靠近震中的一些人或许能察觉。

里氏3~4级

感觉到轻微震动；灯具摇摆；鲜有破坏。

里氏4~5级

感觉到较强震动；窗户破碎；建筑物受损。

由于地球及其内部物质的不断运动，产生巨大的能量，导致地下岩层断裂或错动，就形成了地震。

震源深度在60千米以内的地震称之为浅源地震；60~300千米的地震称之为中源地震；300千米以上的地震为深源地震。

震级和烈度是衡量地震的两把"尺子"。震级指地震释放能量的大小；烈度是地震的破坏程度。一次地震只有一个震级，但烈度并不止一个，离震中近的地方烈度高，破坏性也大；反之烈度低，破坏性也小。

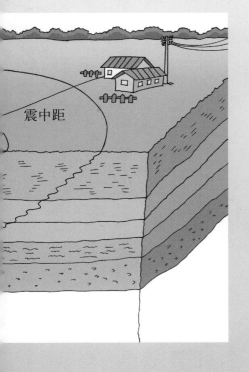

震中距

里氏5~6级

感觉到极强震动；人们惊慌失措；建筑物墙体开裂。

里氏6~7级

大地剧烈震动；烟囱倾倒；部分建筑物倒塌。

里氏7~8级

大地开裂；有更多的建筑物轰然倒塌；恐慌情绪广泛蔓延。

里氏8~9级

大规模的破坏；桥梁坍塌；铁轨和道路扭曲弯折。

地震的征兆

鸡飞上树高声叫。

兔子竖耳蹦又撞。

猪不吃食狗乱叫。

鸭不下水岸上闹。

鱼儿惊慌水面跳。

鸽子惊飞不回巢。

蜜蜂群迁闹哄哄。

牛马骡羊不进圈。

老鼠痴呆搬家逃。

蛇出洞。

在家里如何预防地震

1．学习地震知识，掌握科学的自救方法。

2．分配每人地震时的应急任务，以防手忙脚乱，耽误宝贵时间。

3．确定疏散路线和避震地点，并保证疏散线路畅通无阻。

4．检查并及时消除家里不利于防震的隐患，采取必要的防御措施。

5．适时进行家庭应急演习，练习"一分钟紧急避险"，必要时进行紧急撤离与疏散练习。

了解燃气阀门、电源电闸位置。

整理柜架物品。

家庭防震的7条措施：

1. 把墙上的悬挂物取下来或固定住，防止掉下来砸伤人。

2. 把易燃易爆和有毒物品放在安全的地方。

3. 清理杂物，让门口、楼道畅通。

4. 阳台护墙要清理，花盆杂物拿下来。

5. 固定高大家具，防止倾倒砸人；家具物品摆放做到"重在下、轻在上"。

6. 选择牢固的家具，以备地震时以比家具低的姿势躲在家具旁边。

7. 加固睡床，使它能承受一定的重压，能形成有效的"三角区"。

地震时的应急措施

　　破坏性地震突然发生时，采取就近躲避、震后迅速撤离的措施是应急避险的好办法。

　　如果你在室内，应该就近躲到坚实的家具旁，也可躲到墙角或者管道多、整体性好的小跨度卫生间里。不要躲避在厨房、外墙窗下或不具备抗压能力的物体旁。

　　如果你在教室里，要在教师指挥下迅速抱头并蹲到各自的课桌旁。地震一停，要迅速并有秩序地撤离。撤离时千万不要拥挤。

　　如果你在室外，要尽量远离狭窄街道、高大建筑、高烟囱、变压器、玻璃幕墙、高架桥等；远离存有危险品、易燃品的场所。地震停止后，为防止余震伤人，不要轻易跑回未倒塌的建筑物内。

地震后被压的求生方法

地震中一旦被倒塌建筑物压埋，只要神志清醒，身体没有重大创伤，应该坚定获救的信心，妥善保护好自己，积极实施自救措施，争取早一点获救。

自救措施可以参考以下方法：

尽量活动手脚，清除脸上的灰土和压在身上的物件。

评估自身所处环境的安全性，慢慢移动身体，避免因移动身体造成建筑物的进一步垮塌。必要时，用毛巾、衣物或其他布料捂住口、鼻，防止灰尘呛闷发生窒息。排查会对身体造成二次伤害的尖锐物体，必要时用衣物、布条等包裹受威胁的身体部位。

用周围可以挪动的物品支撑身体上方的重物，避免进一步塌落，这样可以扩大活动空间，保持足够的空气。注意：物品搬不动时千万不要勉强，使劲搬移有可能造成身体上方重物的塌落。

如果被困在狭小空间，应该设法用能轻松搬动的砖石、木棍等支撑残垣断壁，加固自己的生存空间，以防余震时再被埋压。

　　要尽量节省气力，不要盲目寻求逃生出口。如果盲目搬动挡路的物体，有可能会造成二次垮塌。

　　如有食品和饮用水，要计划着节约使用。没有任何食物和饮用水时，要设法保留自己的尿液，用尿液代替水来饮用，尽量延长生存时间，等待获救。

　　尽量保存体力，不要盲目大声呼救。在听到上面有人活动时，用砖块敲打铁器、钢管或者墙壁，向外界传递求生信息。当确定救援人员能听到时，再呼救。

　　如果身体四肢受伤，要想办法止血。可将身边的衣物、床单、被罩等撕成布条，捆扎距离心脏近的伤口部位。千万不可睡觉，要想办法保持清醒，争取救援。一旦睡着，很有可能再也醒不过来了。

地震后互救的五个原则

先多后少：先去压埋人员较多的地方实施营救。

先近后远：先营救近处被压埋的人员，再去远处营救。

先易后难：先营救容易救出的人员，再去营救有施救难度的遇险者。

先轻后重：先营救轻伤和强壮人员，扩大营救队伍，再救重伤遇险者。

先救医生：应优先营救医务人员，以增加抢救力量。

伤员被救出后，要用硬质担架将伤员移出危险地区。

固定伤员时，要特别注意固定腰椎和颈椎，不要随意搬动。

地震后要注意的事项

地震后可能引发的病症包括：

1. 肠道传染病，如霍乱、甲肝、伤寒、痢疾、感染性腹泻、肠炎等。

2. 虫媒传染病，如乙脑、黑热病、疟疾等。

3. 人畜共患病和自然疫源性疾病，如鼠疫、流行性出血热、炭疽、狂犬病等。

4. 经皮肤破损引起的传染病，如破伤风、钩端螺旋体病等。

5. 常见传染病，如流脑、麻疹、流感等呼吸道传染病等。

6. 震后房屋倒塌，导致食品、粮食受潮霉变、腐败变质，存在发生食物中毒的潜在危险。

7. 由于水源和供水设施破坏和污染，存在饮用水安全隐患问题。

震后如何预防人畜共患病和自然疫源性疾病？

1．大力开展以防鼠、灭鼠和杀虫、灭蚊为主的环境整治活动，降低蚊、虫、鼠等传播媒介的密度。

2．要管好家禽家畜，猪、狗、鸡应圈养，不让其粪便污染环境及水源，死禽死畜要消毒后深埋。

3．管好厕所粪便，禁止随地大小便，病人的粪尿要经石灰或漂白粉消毒后集中处理。

4．临时居所和救灾帐篷要搭建在地势较高、干燥向阳的地带，在周围挖防鼠沟，要保持一定的坡度，以利于排水和保持地面干燥。床铺应距离地面2尺以上，不要睡地铺，减少人与鼠、蚊等媒介的接触机会；做好鼠疫疫苗、出血热疫苗和有关药物的储备，以便应急使用。

温馨提示

地震以后，灾区居民要保持乐观向上的情绪，注意身体健康。根据气候的变化随时增减衣服，注意防寒保暖，预防感冒、气管炎、流行性感冒等呼吸道传染病，特别是老人和儿童要特别注意防止肺炎。要吃一些咸菜，补充体内因大量出汗而损失的盐分和水分，预防中暑。

河流漫堤，我们该如何防护

前期准备：

根据洪水信息和所处位置选择撤离路线，提早撤离。

选择便于携带、可长期保存的食品，并准备足够的饮用水和其他生活必需品。

根据当地条件准备木排、竹排、气垫船、救生衣、木盆、塑料盆、木材、大塑料布等物品。

将不便携带的物品照相，进行防水处理后埋入地下或放在高处；票款首饰等可缝入内衣随身携带。

准备移动电话，可以用于联络。随身携带口哨，用于求救。衣服上缝上反光标识，便于搜救。

危机自救互救：

前往高地、山坡、楼房、避洪台避险。

如可以驾车逃离，要事先补充油料，行车时遵从警示牌的指示，注意避让障碍物。如果洪水漫过车身要及时逃出。

如暂避地点难以自保，应及时利用已备的逃生器具转移，或就近利用浮木、门板、桌椅等可以漂浮的物品逃生。

如被洪水卷入，要尽可能地抓住固定或漂浮的东西。

发现别人落水，要迅速将漂浮器具扔到落水者附近。

如被洪水包围，要及时和防汛部门联络，报告位置，寻求救援。

千万不要惊慌失措、大喊大叫。

千万不要游泳逃生。

千万不要接近或攀爬电线杆、高压线铁塔。

千万不要爬到泥坯房房顶。

山体崩塌的注意事项

前期预防：

　　夏汛时节去山区峡谷郊游，要事先收听天气预报。

　　不在大雨后、连阴雨天进入山区沟谷。

　　不在危岩下避雨、休息和穿行，不攀登危岩。

危机应对：

立即离开岩土滑行道，向两边稳定区逃离。

不可沿着岩土体向上方或下方奔跑。

驾车者应迅速离开有斜坡的路段。

山洪暴发了，我们该如何防护

山洪暴发前的防护措施：

无论在居住场所还是野外活动场所，都必须首先熟悉周围环境，预先选定好紧急情况下躲灾避灾的地点和路线。

强降雨后发生溪水混浊、蚂蚁搬家、蛇出洞、地声回响等现象，表示很可能将有山洪暴发。

情况危急时，及时向主管部门和周围的人预警，先将家中的老人和小孩及贵重物品提前转移到安全地带。

山洪暴发后的危机应对：

尽快向山上或高处转移，不能沿着泄洪道方向跑。

及时与当地政府防汛部门联系，寻求援助。

如被洪水冲走，尽可能抓住树木、树枝等固定物。

在夜间，可利用手电筒、手机荧幕光等引起营救人员注意。

在白天，可以利用手表、镜子等可以反光的物品来求救。

发生泥石流，我们往哪跑

泥石流前兆：

　　河流突然断流或水势突然加大，并夹杂着较多杂草、树枝。

　　深谷或沟内传来类似火车轰鸣或闷雷般的声音。

　　沟谷深处忽然变得昏暗，并伴随着轻微的震动感。

前期预防：

泥石流多发区，要注意自己的生活环境，熟悉逃生路线。

去山地游玩，要注意收听当地天气预报，不在暴雨之后或持续阴雨天气进入山区。

不要在沟道处或沟内的低平处搭建宿营棚。

在沟谷遭遇暴雨、大雨，要迅速转移到安全的高地，不要在谷地或陡峭的山坡下避雨。

应对措施：

发现有泥石流迹象，要向沟谷两侧的山坡或高地跑。千万不要沿着沟向上或向下奔跑。逃生时抛弃重物。

不要躲在有滚石和大量堆积物的山坡下面。

不要停留在低洼处，也不要攀爬到树上躲避。

火山喷发，我们怎么跑

火山喷发的前兆：

火山活动增加。

出现刺激性酸雨、很大的隆隆声。

火山上冒出缕缕蒸汽。

附近的河流有硫磺味道。

紧急防护措施：

火山喷发时要迅速跑出熔岩流的路线范围。

如果从靠近火山喷发处逃离，应佩戴头盔，或用其他物品护住头部，防止砸伤。

逃生时应用湿布护住口鼻，或佩戴防毒面具。当火山灰中的硫磺随雨而落时，应戴上护目镜、通气管面罩或滑雪镜。脱险后，要脱去衣服，彻底洗净暴露在外的皮肤，用干净水冲洗眼睛。

海啸来临，我们要这样逃生

海啸前兆：

地面强烈震动。

潮汐突然反常涨落。

海平面显著下降或有巨浪袭来。

应急措施：

接到海啸警报后，应立即切断电源、关闭燃气。

停在港湾的船舶和正在航行的海上船只应立即驶向深海区，不要停留在港口、回港或靠岸。

不幸落水时的应对措施：

尽量抓住木板等漂浮物，避免与其他硬物碰撞。不要游泳，能浮在水面即可。海水温度偏低时，不要脱衣服。不要喝海水。

尽可能向其他落水者靠拢，积极互助、相互鼓励。

尽力使自己易于被救援者发现。

台风来临的防护措施

台风预警信号：

蓝色预警信号	黄色预警信号	橙色预警信号	红色预警信号
24小时内可能受热带低压影响，平均风力可达6级以上，或阵风7级以上；或者已经受热带低压影响，平均风力为6~7级，或阵风7~8级并可能持续。	24小时内可能受热带风暴影响，平均风力可达8级以上，或阵风9级以上；或者已经受热带风暴影响，平均风力为8~9级，或阵风9~10级并可能持续。	12小时内可能受强热带风暴影响，平均风力可达10级以上，或阵风11级以上；或者已经受强热带低压影响，平均风力为10~11级，或阵风10~12级并可能持续。	6小时内可能受台风影响，平均风力可达12级以上；或者已经受台风影响，平均风力达12级以上并可能持续。

台风来临前：

在家里：备好应急物品，包括：手电筒、收音机（带电池）、食物、饮用水、常用药品、防寒衣物等。

关好门窗，加固门窗。玻璃窗可用胶带粘好，防止玻璃破碎后溅到别处。

防止室内积水，可在家门口安放挡水板或堆砌土坎。

检查电路、炉火、煤气，确保安全。

将养在室外的动植物及其他物品移至室内。

住在低洼地区和危房中的人员要转移到安全住所。

室外易被吹动的物品要加固。

清理排水管道。

尽量不要安排外出活动。

台风登陆

台风形成

台风过境时：

在家里：关闭总电源。

尽量避免使用电话。

未收到台风离开的报告前，即使出现短暂的平息仍须保持警戒。

如果无法撤离至安全场所，可就近选择在空间较小的室内（如壁橱、厕所等）躲避，或者躺在桌子等坚固物体下。

在高层建筑的人员应撤至底层。

在街上：切勿随意乱跑。

在海岸附近或海上：不要在河、湖、海堤或桥上行走。

海上船舶必须与海岸电台取得联系，确定船只与台风中心的相对位置，立即开船远离台风。

船上自测台风中心大致位置与距离：背风而立，台风中心位于船的左边，船上测得气压低于正常值500帕，则台风中心距船一般不超过300千米；若测得风力已达8级，则台风中心距船一般150千米左右。

龙卷风来了怎么办

　　龙卷风是从强对流积雨云中伸向地面的一种小范围强烈旋风。龙卷风出现时，往往有一个或数个如同"象鼻子"的漏斗状云柱从云底向下伸展，同时伴随狂风暴雨、雷电或冰雹。

　　龙卷风经过水面，能吸水上升，形成水柱，同云相接，俗称"龙取水"；经过陆地，常会卷倒房屋，吹折电杆，甚至把人、畜和杂物吸卷到空中，带往他处。

龙卷风常发生于夏季的雷雨天气时，尤以下午至傍晚最为多见。其持续时间不长，一般为几分钟，但风力非常大，中心附近风速可达100～200米/秒，破坏力极强。

龙卷风出现的气象条件：

大气低层有相当温暖潮湿的空气。在龙卷风出现前，天气特别闷热潮湿，人感到沉重压抑。

大气中层空气干冷，形成强烈的潜在不稳定因素。

满足上述两个条件，如果有低压、锋面、台风等天气系统移近时，就可触发空气中不稳定能量大量连续不断释放，最后形成龙卷风。

> **注意**
>
> 发生龙卷风时：
> 不要待在露天楼顶。
> 不要开车躲避，也不要在汽车中躲避。

紧急应对措施：

在家里：切断电源。

远离门、窗和房屋的外围墙壁，躲到与龙卷风方向相反的墙壁或小房间内抱头蹲下，尽量避免使用电话。

用床垫或毯子罩在身上以免被砸伤。

最安全的躲藏地点是地下室或半地下室。

在街上：就近进入混凝土建筑底层。

远离大树、电线杆、简易房屋等。

在旷野：朝与龙卷风前进路线垂直的方向快跑。

来不及逃离的，要迅速找到低洼地趴下，姿势是脸朝下，闭嘴、闭眼，用双手、双臂保护住头部。

雷暴很危险，躲避有技巧

雷电是伴有雷声和闪电现象的天气，气象上称为雷暴，是大气中的放电现象。在大气层中，云层间或云和地之间的电位差增大达到一定程度时，即发生猛烈放电现象（闪电）。每次放电时间很短但电流强度很大，释放出的大量热能可以使局部空气温度瞬间升高1万到2万摄氏度。

雷雨大风预警信号：

蓝色预警信号	黄色预警信号	橙色预警信号	红色预警信号
6小时内可能受雷雨大风影响，平均风力可达6级以上，或阵风7级以上并伴有雷电；或者已经受雷雨大风影响，平均风力已达6～7级，或阵风7～8级并伴有雷电，且可能持续。	6小时内可能受雷雨大风影响，平均风力可达8级以上，或阵风9级以上并伴有强雷电；或者已经受雷雨大风影响，平均风力已达8～9级，或阵风9～10级并伴有强雷电，且可能持续。	2小时内可能受雷雨大风影响，平均风力可达10级以上，或阵风11级以上并伴有强雷电；或者已经受雷雨大风影响，平均风力已达10～11级，或阵风11～12级并伴有强雷电，且可能持续。	2小时内可能受雷雨大风影响，平均风力可达12级以上并伴有强雷电；或者已经受雷雨大风影响，平均风力为12级以上并伴有强雷电，且可能持续。

雷暴来临前：

移开可能折断的树枝。

加固放在室外的物品或挪进室内。

推迟户外活动，进入室内。

准备电池供电的收音机。

关好门窗，避免雷电进屋。

不打电话，特别是不打手机。当雷暴来临前关闭手机，并将电池与手机分离。

拔掉电器（包括电脑、空调等）电源插头。

温馨提示

雷电安全法则：

看见闪电后数不到30秒就会听到雷声，必须立即进入室内。

最后一声雷响过后30分钟内留在室内。

胶底鞋或橡胶轮胎不能抵御闪电。

雷暴发生时：

在树林里：躲避在低洼处生长茂盛的小树下。

在开阔地：关闭手机；躲避在低处，如山涧或峡谷；小心突发的洪水。

在开阔水域：立即上岸并找到躲避处。

在汽车里：关好车门、车窗。

多人在一起：彼此隔开几米远，不要挤在一起。

高压电线遭雷击落地时：近旁的人必须高度警惕，逃离时：双脚并拢，跳着离开危险地带。

感到头发立起来（无论身在何处）：团身蹲下；双手抱头藏在两膝之间；使自己尽可能成为最小的目标，并减少与地面的接触；不要平躺在地面上。

注意

在路上避雨时不要靠近孤立的高楼、电杆、烟囱、墙角房檐，更不能站在空旷的高地上或到大树下躲雨。

远离开阔地带的金属物品（拖拉机、农具、摩托车、自行车、高尔夫球车及高尔夫球杆等）。

不要去山顶、开阔地、海滩或船只上。

不要待在开阔地上的单独屋棚或其他小建筑内。

有条件的家庭最好安装家用电器过电压保护器（又名避雷器）。

冰雹预防方法

冰雹是从强烈发展的积雨云中降落到地面的固体降水物，小如豆粒，大若鸡蛋、拳头。常伴随雷电大风天气而发生，突发性强。

冰雹预警信号：

橙色预警信号	红色预警信号
6小时内可能出现冰雹伴随雷电天气，并可能造成雹灾。	2小时内出现冰雹伴随雷电天气的可能性极大，并可能造成重雹灾。

紧急应对措施：

1．关好门窗，防止冰雹落进屋内。

2．妥善安置好易受冰雹大风影响的室外物品。如小汽车，最好停在车库。窗台上的花花草草应该及时搬回屋内。

3．暂停户外活动，不随意外出，并确保老人、小孩都留在家中。

4．幼儿园小朋友、学校的学生，应提前安置在教室内。

5．户外作业人员要立即停工，并到室内暂避。

6．不要进入孤立的棚屋、岗亭等建筑物内，或在高楼、烟囱、电线杆或大树底下躲避冰雹，尽量找到一个坚固的地方躲避。

7. 可把木板或盆、筐一类器具顶在头上，以防止被冰雹砸伤。

8. 在做好防雹准备的同时，也要做好防雷电的准备。

沙尘暴的防护方法

　　强风将本地或外地地面尘沙吹到空中，使水平能见度小于一千米的天气现象叫做沙尘暴。多发于我国北方春季。

沙尘暴预警信号：

黄色预警信号

　　24小时内可能出现沙尘暴天气（能见度小于1000米），或者已经出现沙尘暴天气并可能持续。

橙色预警信号

　　12小时内可能出现强沙尘暴天气（能见度小于500米），或者已经出现强沙尘暴天气并可能持续。

红色预警信号

　　6小时内可能出现特强沙尘暴天气（能见度小于50米），或者已经出现特强沙尘暴天气并可能持续。

防护措施：

特别注意收听天气预报。

出门戴口罩、纱巾等。

关好门窗，屋外搭建物要紧固。

多喝水，吃清淡食物。

身处危险地带或危房里的居民应转移到安全地方。

幼儿园、学校、单位应采取暂避措施，必要时须停课、停业。

受影响的机场、高速公路、轮渡码头要注意交通安全，必要时要暂时封闭或停航。

高温天气的防护方法

日最高气温达35℃以上的天气现象称为高温；达到或超过37℃时称酷暑。连续高温酷暑造成人体不适，影响生理、心理健康，甚至引发疾病或死亡。

高温预警信号：

黄色预警信号	橙色预警信号	红色预警信号
连续3天日最高气温将在35℃以上。	24小时内最高气温将升至37℃以上。	24小时内最高气温将升至40℃以上。

高温来临前：

安装降温设备，如电扇、空调等，必要时进行隔热处理。

不要长时间停留在空调房内，也不能长时间直接对着头或身体某一部位吹电扇。

在窗和窗帘之间安装临时反热窗，如铝箔表面的硬纸板。

早晨或下午能进太阳光的窗子用帘遮好。

准备防暑降温的饮料和常用药品（如清凉油、十滴水、人丹等）。

高温天气中：

尽量留在室内，并避免阳光直射。

必须外出时要打遮阳伞、穿浅色衣服、戴宽沿帽。

暂停户外或室内大型集会。

室内空调温度不要过低，空调无法使用时，选择其他降温方法，比如向地面洒些水等。

浑身大汗时不宜立即用冷水洗澡，应先擦干汗水，稍事休息后再用温水洗澡。

注意

上午十点至下午四点，不要在烈日下外出运动。

持续的高温干旱天气，有可能造成供水紧张，应及时储备。

关心亲友，尤其是家中没有空调设备或常单独生活的人。

112

注意作息时间，保证睡眠，暂停消耗大量体力的工作。

宜吃咸食，多饮白开水、冷盐水、白菊花水、绿豆汤等。

不要过度饮用冷饮或含酒精的饮料。

防火。

急救措施：

名称	症　状	急救措施
晒伤	皮肤红痛，可能肿胀，有水泡；发热或头痛。	用肥皂洗去可能阻塞毛孔的油脂。 用干的、无菌的绷带敷在水泡上。 必要时到医院治疗。
痉挛	突发疼痛痉挛，尤其是腿和腹部肌肉；大量出汗。	将伤者挪至凉爽处。 轻轻舒展肢体并按摩。 每15分钟喂一抿口至半杯凉水。 若患者想呕吐，停止喂水。
中暑	大量出汗而皮肤发凉，面色苍白或发红；脉搏微弱；体温有可能保持正常或升高；昏迷或头昏眼花，呕吐，疲惫无力或头痛等。	让其在凉爽处躺下。 解开或脱去衣服。 准备浸过凉水的毛巾。 如果患者意识清楚，每15分钟喂少许水。 如果患者呕吐，停止喂水，立即寻求医疗。
急性疾病	体温高达40℃以上；皮肤红、热、干；脉搏快而微弱；呼吸快而微弱；除非刚刚结束大体力活动，患者可能不会出汗；有可能失去意识。	拨打120急救电话或立即送往医院。 将患者移至凉爽环境中。 脱去衣服。 试着用海绵或者湿巾擦拭患者身体以降温。 关注患者呼吸情况。 使用电扇或空调。

雪灾天气的安全防护

雪灾预警信号：

黄色预警信号

12小时内可能出现对交通或牧业有影响的降雪。

橙色预警信号

6小时内可能出现对交通或牧业有较大影响的降雪，或已经出现对交通或牧业有较大影响的降雪并可能持续。

红色预警信号

2小时内可能出现对交通或牧业有很大影响的降雪，或已经出现对交通或牧业有很大影响的降雪并可能持续。

下大雪以前：

注意收听天气预报。

做好防寒准备，包括室内取暖设备及衣物。

食品准备充足。

下大雪时：

汽车减速慢行，路人当心滑倒；必要时封闭道路交通。

老、幼、病、弱人群不要外出，注意防寒保暖。

关好门窗，紧固室外搭建物。

船舶进港避风。

高空、水上等户外人员停止作业。

雪停后：

道路湿滑，车辆慢行。

有关部门做好融雪、道路积雪清扫工作。

道路结冰：

　　地面温度低于0℃或大雪过后路面常出现积雪或结冰现象，极易发生交通事故或行人摔伤。

道路结冰预警信号：

黄色预警信号	橙色预警信号	红色预警信号
12小时内可能出现对交通有影响的道路结冰。	6小时内可能出现对交通有较大影响的道路结冰。	2小时内可能出现或者已经出现对交通有很大影响的道路结冰。

寒潮天气的安全防护

　　寒潮指北方寒冷气团迅猛南下的现象，造成急剧降温，常伴有大风、雨、雪天气，会出现冰冻、沙尘暴、暴风雪天气，常引发冻伤以及呼吸道、心血管疾病等。

寒潮预警信号：

蓝色预警信号	黄色预警信号	橙色预警信号	红色预警信号
24小时内最低气温将要下降8℃以上，最低气温小于等于4℃，陆地平均风力可达6级以上；或者已经下降8℃以上，最低气温小于等于4℃，平均风力达6级以上，并可能持续。	24小时内最低气温将要下降10℃以上，最低气温4℃，平均风力可达6级以上，或阵风7级以上；或最低气温已经下降10℃以上，最低气温4℃，平均风力达6级以上，或阵风7级以上，并可能持续。	24小时内最低气温将要下降12℃以上，最低气温小于等于0℃，陆地平均风力可达6级以上；或者已经下降12℃以上，最低气温小于等于0℃，平均风力达6级以上，并可能持续。	24小时内最低气温将要下降16℃以上，最低气温小于等于0℃，陆地平均风力可达6级以上；或者已经下降16℃以上，最低气温小于等于0℃，平均风力达6级以上，并可能持续。

寒潮来临前：

准备机织防水外套、手套、帽子、围巾、口罩。

检查暖气设备、火炉、烟囱等确保正常使用；燃煤、柴等储备充足。

节约能源、资源，室温不要过高。

注意汽车防冻。

寒潮发生时：

在室内：注意收听天气预报及紧急状况警报。

多穿几层轻、宽、舒适并暖和的衣服；尽量留在室内。

注意饮食规律，多喝水，少喝含咖啡因或酒精的饮料。

避免过度劳累。

警惕冻伤信号——手指、脚趾、耳垂及鼻头失去知觉或出现泛苍白色。如出现类似症状，立即采取急救措施或就医。

可使用暖水袋或热宝取暖，但小心被灼伤。

尽量不开车外出。

驾车外出：走干道。

不夜间开车，不单独驾驶，不疲劳驾驶。

注意

遭遇暴风雪被困在车内时：

如果汽车在高速路上抛锚，必须打开危险信号灯。

尽量留在车内，发出求救信号。

夜间要打开车里的灯，以便救援人员及时发现。

每小时开动发动机和加热器10分钟以取暖，注意同时要稍打开逆风窗以保证空气流通，还要节约电池用电。

大雾天气的安全防护

当水平能见度小于500米时，习惯上称为大雾或浓雾天气。大雾天气给城市交通运输带来严重影响，也常引发空气污染，不利于人体健康。

大雾预警信号：

黄色预警信号

12小时内可能出现能见度小于500米的浓雾，或者已经出现能见度在200米到500米之间的浓雾并且可能持续。

橙色预警信号

6小时内可能出现能见度小于200米的浓雾，或者已经出现能见度在50米到200米之间的浓雾并且可能持续。

红色预警信号

2小时内可能出现能见度小于50米的强浓雾，或者已经出现能见度小于50米的强浓雾并且可能持续。

紧急应对措施：

注意收听天气预报。

尽量不要外出；必须外出时要戴口罩。

骑自行车要减速慢行，听从交警指挥。

司机小心驾驶，须打开防雾灯，与前车保持足够的制动距离，并减速慢行；需停车时要注意先驶到外车道再停车。

受影响的机场、高速公路、轮渡码头要注意交通安全，必要时暂时封闭或停航。

急救安全防护

急救，我们要注意些什么

一旦发生人员伤亡，不要惊慌失措，马上拨打120或999急救电话求救。然后对伤病员进行必要的现场处理。

1. 迅速排除致命和致伤因素。如搬开压在身上的重物、撤离中毒现场。如果是意外触电，应立即切断电源。清除伤病员口鼻内的泥沙、呕吐物、血块或其他异物，保持呼吸道通畅等。

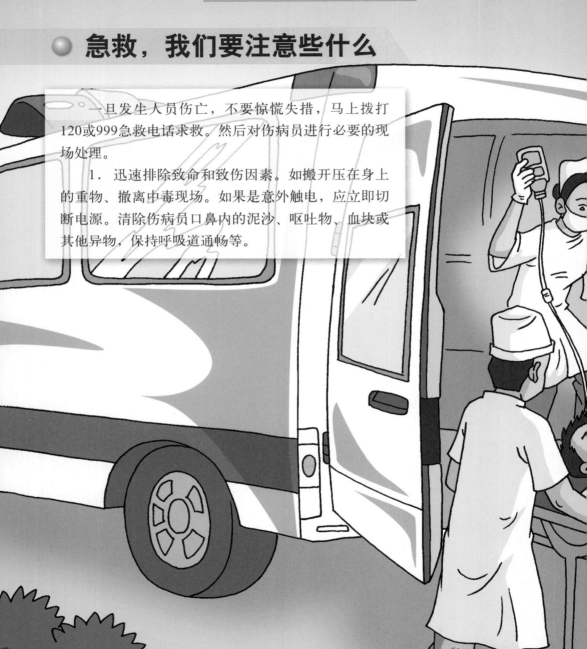

2. 检查伤员的生命体征。检查伤病员呼吸、心跳、脉搏情况。如无呼吸或心跳停止，应就地立刻开展心肺复苏。

3. 止血。有创伤出血者，应迅速包扎止血。止血材料宜就地取材，可采取加压包扎、上止血带或指压止血等方法。然后将伤病员尽快送往医院。

4. 如有腹腔脏器脱出或颅脑组织膨出，可用干净毛巾、软布料或搪瓷碗等加以保护。

5. 有骨折者用木板等临时固定。

6. 神志昏迷者，未明了病因前，注意心跳、呼吸、两侧瞳孔大小。有舌后坠者，应将舌头拉出或用别针穿刺固定在口外，以防窒息。

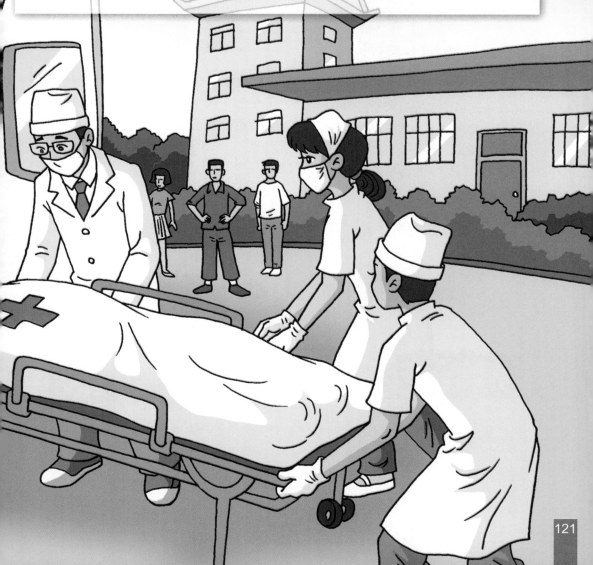

在野外，我们如何找北

夜间北极星所在的方向就是正北方向。北斗七星是大熊星座，像一个巨大的勺子。从勺边的两颗星的延长线方向看去，约间隔其5倍处，有一颗较亮的星星就是北极星，即正北方。

树冠茂密的一面是南方，稀疏的一面是北方。树木的年轮疏的一面是南方，纹路密的一面是北方。

把一根直杆插在地上，使其与地面垂直，在太阳的照射下形成一个阴影。这时，把一块石子放在影子的顶点处，约15分钟后，直杆影子的顶点移动到另一处时，再放一块石子，将两块石子连成一条直线，向太阳的一面是南方，相反的方向是北方。

在野外，我们如何找水

等下雨时，利用树木或木桩，系上足够大的一张塑料布，用来收集雨水。此水经过消毒处理即可饮用。

弯下竹子的上半部，把前端切掉，在切口下方放置一个容器。将竹子弯曲的状态保持一个晚上，容器中便会盛满从竹子中淌下来的水。

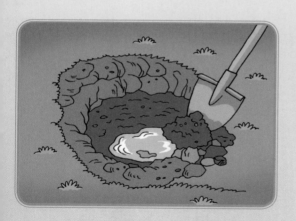

可以在低洼的沟渠或水塘边挖一个能见到渗水的坑，经过一定的时间就能渗进一些水。此水经过消毒处理即可饮用。

粗沙石
木炭
细沙子
滤纸或干净
的手帕

当周围没有干净水源的时候，可以制作简易过滤装置将水中的杂质过滤掉。

遇险如何求救

一般情况下，重复三次的行动都象征寻求援助。

1．声响求救：

遇到危难，除了喊叫求救外，还可以用吹响哨子、击打脸盆等方法向周围发出求救信号。

2．利用反光镜：

遇到危难，可利用镜子、罐头皮、玻璃片、眼镜、回光仪等向外发出求救信号。

3．抛物求救：

在高楼内遇到危难时，可抛掷软物，如枕头、书本、空塑料瓶等，引起下面注意并指示方位。

4．烟火求救：

　　在野外遇到危难，白天可用燃烧新鲜树枝、青草等植物产生的浓烟向外发求救信号；夜晚可点燃干柴，发出明亮耀眼的火光向周围求救。

5．地面标志求救：

　　在比较开阔的地面，利用树枝、石块、帐篷、衣物等一切可利用的材料制作地面标志。大家一定要记住这几个单词：SOS（求救）、HELP（帮助）、INJURY（受伤）、LOST（迷失）。

6．留下信息：

　　遇到危险时，要留下一些信号物，以便让救援人员发现，及时了解你的位置或者去过的位置。一路上留下方向指示标，有助于营救者寻找你的行动路径，也有助于自己迷路时按指示原路返回。

应该熟记的八种急救电话号码

急救电话		
用　途	号码	在什么情况下使用
匪　警	110	在人身安全遭遇威胁时拨打，如遇抢劫、抢夺等。
火　警	119	在遭遇火灾时拨打。
急救中心	120	在人体健康受到紧急伤害时拨打。
交通事故	122	在遭遇交通事故时拨打。
公安短信报警	12110	在不方便通话时向警方短信报警。
水上求救专用	12395	在水上遭遇生命危险时拨打。
森林火警	12119	在森林遭遇火灾时拨打。
红十字会急救台	999	在人体健康受到紧急伤害时拨打。

如何拨打110报警电话：

1. 受理范围：

（1）受理报警范围

自然灾害、治安灾害事故。

危害人身、财产安全或者社会治安秩序的群体性事件。

（2）受理求助范围

发生溺水、坠楼、自杀等状况，需要公安机关紧急救助的。

老人、儿童以及智障人员、精神疾病患者等人员走失，需要公安机关在一定范围内帮助查找的。

公众遇到危难，处于孤立无援状况，需要立即救助的。

涉及水、电、气、热等公共设施出现险情，威胁公共安全、人身或者财产安全和妨碍工作、学习、生活秩序，需要公安机关先期紧急处置的。

需要公安机关处理的其他紧急求助事项。

（3）受理警务投诉范围

公安机关及其人民警察正在发生的违反《中华人民共和国警察法》、《公安机关督察条例》等法律、法规和人民警察各项纪律规定，违法行使职权，不履行法定职责，不遵守各项执法、服务、组织、管理制度和职业道德的各种行为。

2. 如何报警：

需要报警、求助或进行警务投诉时，可通过有线电话（普通市话、投币电话、IC卡电话等）、移动电话等，不用拨区号，直接拨"110"三个号码，即可接通当地公安机关110报警电话。在异地拨打案发地的110电话时，可先拨案发地区号，再拨110即可。拨打110电话，电讯部门免收报警人的电话费，投币、IC卡电话不用投币或插IC卡，直接拿起话筒即可拨通110报警电话。

3. 报警内容：

（1）警情发生的时间和具体位置。在郊区，要说明乡镇和村落名称。为了缩短民警到达现场的时间，尽量到村委或村碑处等候，如果实在不能离开现场，尽量说明所在村的哪个方位。在市区，要说明在什么路的确切位置，也可找一下周围的明显建筑物或商店的名称，来表明你所处的位置。在公路上，要说明在什么路的哪一路段，附近是否有什么明显标志物和路牌。

（2）自己的姓名和报警电话，以便警务人员及时联系。需要报警台为报警人保密的，报警台会采取保密措施，切实做好保护报警人安全的工作。

（3）警情内容。

4. 交通事故所要说明的内容：

（1）肇事车辆的类型，如：大货车、小货车、客车、轿车等。

（2）人员伤亡情况。

（3）如果肇事车辆逃逸，尽量详细地说明车辆的特征、车牌号及逃逸方向等。